DES AVANTAGES ET DES JOUISSANCES

QUE L'ON TROUVE DANS

L'ÉTUDE

DE

L'HISTOIRE NATURELLE

DISCOURS

PRONONCÉ A L'INSTITUTION LITTÉRAIRE ET SCIENTIFIQUE DE CROYDON

Par J. W. FLOWER

TRADUIT

PAR S. FERGUSON FILS

PUBLIÉ PAR L'INSTITUTION

AMIENS

IMPRIMERIE DE E. YVERT

1861

DES AVANTAGES ET DES JOUISSANCES

QUE L'ON TROUVE DANS

L'ÉTUDE

DE

L'HISTOIRE NATURELLE

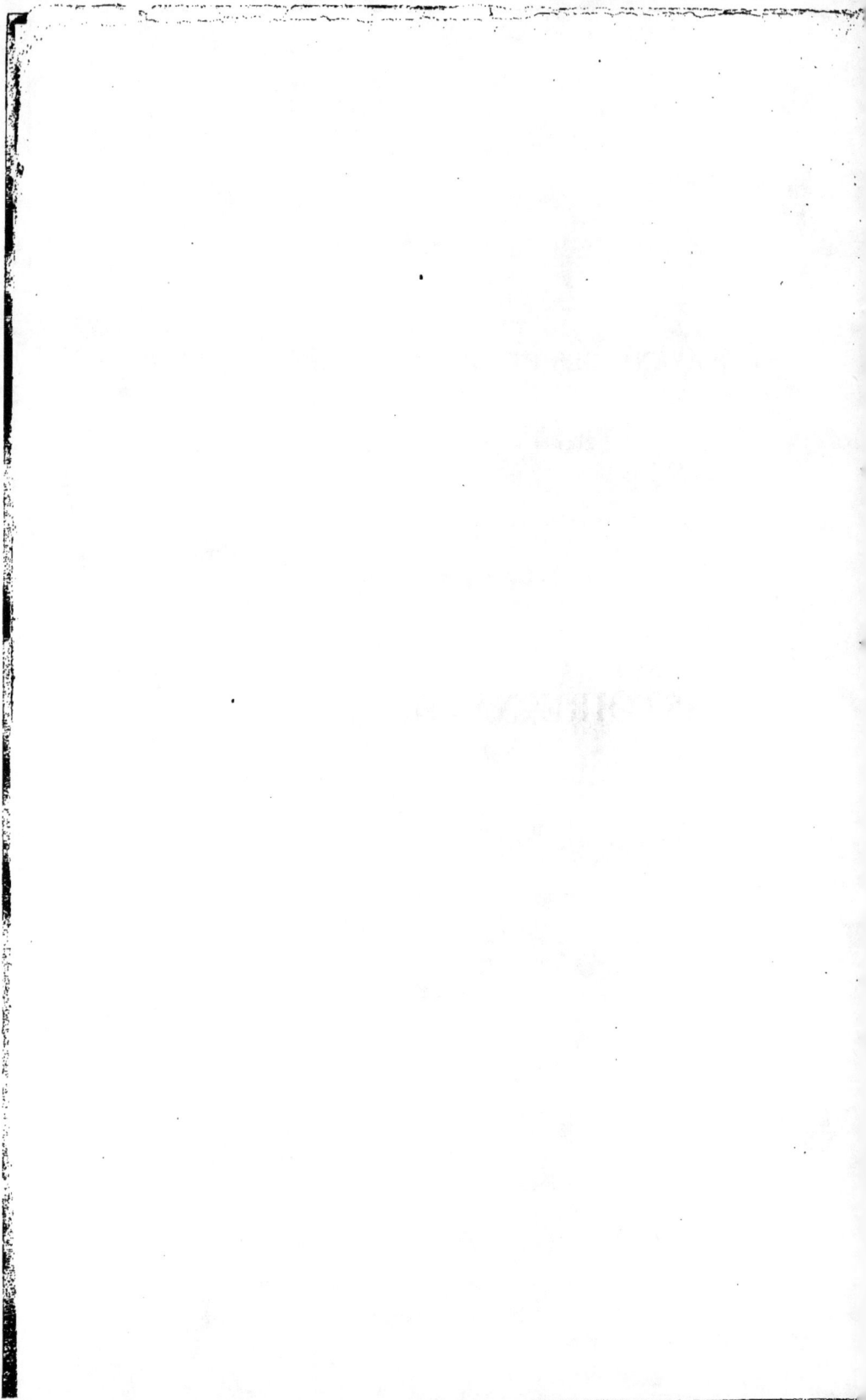

DES JOUISSANCES ET DES AVANTAGES

ATTACHÉS A

L'ÉTUDE DE L'HISTOIRE NATURELLE.

———

Tel est le titre d'un opuscule très intéressant que vient de publier un savant géologue anglais, M. J. W. Flower, et dont nous donnons ci-après la traduction.

———

On entend souvent faire allusion aux jouissances et aux avantages que l'on trouve à étudier l'Histoire Naturelle, par ceux qui évidemment ont peu approfondi le sujet, et qui, par conséquent, n'attachent qu'un sens vague aux expressions dont ils se servent. En ce cas, comme en bien d'autres, certaines phrases toutes faites sont depuis si longtemps employées, qu'elles ont acquis une vogue prompte et facile, et sont échangées communément, sans que ni celui qui les débite, ni celui qui les écoute s'y arrêtent pour en apprécier la véritable valeur. Je pense qu'il n'est pas hors de propos, pour quiconque s'adresse au public, en cette circonstance, de prier son auditoire de faire une pause et d'examiner la question, afin de se rendre compte de la nature et de la valeur de cette monnaie que les hommes échangent entr'eux, et dont le coin et la légende leur sont familiers. Si, en effet, l'étude de l'Histoire Naturelle a ses avantages, plus nous les connaîtrons, plus nous serons à même d'en profiter; si elle a ses jouissances, nous ne les estimerons pas moins parce que nous saurons en quoi elles consistent.

Nous allons d'abord définir notre sujet.

L'Histoire Naturelle est aujourd'hui un groupe de sciences diverses qui jadis ne formaient qu'une seule et même science. Il n'y a pas si longtemps que toutes les connaissances humaines pouvaient être acquises, avec de l'intelligence et de l'étude, dans le cours d'une vie ordinaire; mais depuis un siècle, le progrès, en Histoire Naturelle, comme dans toutes les autres sciences, a été si rapide et si étendu, chaque nouvelle découverte servant à en créer d'autres, que la science, si on peut s'exprimer ainsi, s'est forcément fractionnée en plusieurs parties; chacune de ces sections ainsi formées possède depuis longtemps ses collectionneurs, ses travailleurs et ses admirateurs; ceux-ci obéissent à la loi de notre nature qui réclame à la fois le travail intellectuel et les recherches économiques; ils s'attachent à leur étude, enregistrent les triomphes du passé et préparent la voie aux conquêtes à venir. Le mot *Science* a été adopté pour désigner la connaissance *du tout* arrangé avec ordre et mis à la portée *d'un seul*; lorsque ce terme se rapporte à l'Histoire Naturelle, on peut l'appliquer non seulement (ainsi que les mots pourraient le faire supposer) à l'histoire primitive, mais aussi à la nature, aux qualités actuelles, et à la condition future de tout objet ou substance qui existe dans la Nature, enfin à ce qui est tout à fait distinct de ce que produit le travail de l'homme et qu'on appelle artificiel. Le mot *Histoire,* employé communément pour décrire les faits passés seuls, est trop restreint pour être employé dans le cas actuel.

On doit considérer la Nature entière comme un seul être, qui a été, qui est encore, et qui continuera d'être; dans ce sens il n'a pas de passé et n'aura pas d'avenir, car le passé fait partie du présent, et le présent fera partie de l'avenir.

Nous ne devons pas non plus penser que nous sommes en rapport avec ce qui fut, ni avec ce qui est ou sera; mais nous devons considérer l'être uniquement au point de vue de ses relations et de ses influences sur toutes les choses qui ont été, qui sont et qui seront. Car il n'est pas dans la Nature d'existence isolée, puisque chaque être et chaque condition ont des relations plus ou moins éloignées avec tous les autres êtres et toutes les autres conditions.

Ayant ainsi essayé de définir ce que doivent renfermer ces mots *Histoire Naturelle*, nous commencerons par examiner en quoi consistent les jouissances et les avantages que l'on trouve dans l'étude de cette science. Ici nous devons faire observer qu'on ne peut tirer une ligne bien distincte de démarcation entre ces jouissances et ces avantages, car ils sont intimement liés l'un à l'autre. Ce qui est avantageux produit aussi une jouissance, et réciproquement ce qui procure une jouissance est avantageux.

D'après ce qui a été dit précédemment, il est évident que les avantages auxquels nous faisons allusion ne sont pas ceux qu'on appelle économiques, ni ceux qui ont trait à la soif de l'or et à la recherche des positions mondaines. Pourtant, à ce point de vue, les avantages à retirer de la connaissance intime de l'Histoire Naturelle ont leur importance; car sans elle les travaux de l'ingénieur, du chimiste, etc., seraient nuls et leur gain, par conséquent, restreint. Mais ce n'est pas de ceux là qu'il s'agit ici; ils n'appartiennent pas à la catégorie qui nous intéresse. Ce n'est que vers les avantages moraux et intellectuels de ces études que nous devons diriger notre attention; avantages dus en partie à ce qu'elles n'ont aucun rapport avec la poursuite effrénée des richesses, le péché normal de notre siècle et de notre pays.

L'estime démesurée que tous les hommes ont pour la richesse et les honneurs; le désir insatiable et la soif incessante qui les dévorent lorsqu'ils cherchent à les obtenir,

paraissent en effet inséparables de la condition cultivée
et luxueuse de la société. Dans chaque pays civilisé, ces
maux ont été également sentis, et c'est en vain que la satire
des poètes, le raisonnement des philosophes et les exhorta-
tions des ministres de la religion ont essayé d'y porter
remède. Quoique nous n'ayons pas l'espoir de refouler,
par les forces humaines, ce courant impétueux, ni de trouver
un antidote contre ce désordre aux larges artères, nous
pouvons sûrement faire quelque chose pour en atténuer le
danger, tant pour les autres que pour nous mêmes, en culti-
vant le goût des études qui, comme celles dont nous parlons,
nous placent en dehors des soucis et des anxiétés de ce
monde affairé. Nous pouvons faillir à dissiper les brouil-
lards qui enveloppent notre sillon quotidien, mais il nous
est possible du moins de les éviter en nous élevant à une
région plus haute et plus pure.

Les jouissances et les avantages que l'on trouve dans
cette étude peuvent être ainsi définis : d'abord ils nous permettent d'apprécier, d'admirer et d'aimer, à un plus haut
degré que nous ne le ferions sans eux, la bonté, la puissance
et la sagesse divines, déployées dans les différentes œuvres
de la création ; puis elles nous portent à l'étude et à la contemplation des choses d'une nature noble et élevée ; elles tendent à nous éloigner de ce qui est sensuel et sordide, et en-
noblissent ainsi les affections, en même temps qu'elles
élèvent et épurent le goût. Un jour un poète, malade d'amour,
dit ou chanta :

> Dans les vallons ou dans les bois,
> Il n'est pas de fleur si jolie,
> Pas d'oiseau dont la douce voix
> Ne me rappellent mon amie.

Il est réservé au naturaliste de généraliser l'amour
et de l'appliquer à un objet plus digne de ses affections :
A celui qui s'est épris des œuvres de la création, qui a

des yeux pour voir, des oreilles pour entendre, et un cœur pour sentir, pas une fleur ne surgit, pas un oiseau ne chante, pas une goutte de rosée ne scintille, qui n'offre à ses regards un spécimen de la beauté et de la variété infinies, et qui ne soit admirablement approprié à cet ensemble. Il lui est donné de découvrir la main qui reste cachée pour beaucoup de ses semblables, il entend une voix que bien d'autres n'entendent pas ; et cette main et cette voix semblent l'inviter à la contemplation de ce déploiement de bonté, d'amour, et d'images d'un travail exquis, produit, non pas avec parcimonie, mais avec une profusion telle, que ces merveilles apparaissent comme un immense réseau couvrant la surface de ce vaste globe.

Maintenant ma définition est presque épuisée ; mais si on me demandait comment il se fait que tous les hommes éprouvent un grand plaisir à contempler ce qui a l'aspect de la dignité, de la beauté et de l'harmonie ; comment il se fait que la vue de l'arc-en-ciel, le chant de l'alouette, lorsqu'elle prend son essor vers les nues ; la blanche gelée qui scintille au lever de l'aurore ; le soleil couchant dorant les cimes des montagnes ou perçant les ombres mystérieuses d'une forêt touffue ; comment il se fait, dis-je, que toutes ces choses remplissent nos cœurs d'émotions joyeuses et de reconnaissance, je répondrais que je n'en sais rien, que personne ne peut en dire davantage, et que ces émotions nous sont données, comme les autres, dans un but utile ; qu'il est naturel à l'homme de se sentir heureux à la vue de ce qui est beau, harmonieux et parfait ; c'est là une vérité abstraite, qui ne peut être prouvée et n'a pas besoin de l'être, puisqu'elle est affirmée par le témoignage universel du genre humain de tous les âges, et que chacun en est aussi convaincu que de sa propre identité. Autant croire que l'œil, si curieusement et si artistement construit, n'a pas pour but de recevoir les rayons lumineux, ou que la structure exquise de l'oreille doit rester fermée aux douces influences du son, que de penser que les hommes doivent demeurer insensibles aux merveilles et aux beautés de la Création.

Quoiqu'il soit difficile, sinon impossible, de définir la nature et la qualité exactes des jouissances que ces études procurent à celui qui s'y applique, et de décrire les avantages qui leur sont acquis, je dirai pour quel motif les hommes sont doués de la faculté et du désir d'admirer ; car, c'est parmi les naturalistes, une maxime qui doit être adoptée par tous les chrétiens et par tous les philosophes, de reconnaître que rien n'a été créé en vain. Dans la Nature, il ne se trouve ni trop, ni trop peu, et ce principe est vrai dans le monde moral, comme dans le monde matériel. Non seulement les facultés et les goûts, mais les affections et les impulsions que la Nature a prodiguées à l'homme doivent lui avoir été données dans un but de sagesse et de bonté. Lors donc qu'une émotion agréable est contrôlée et maintenue dans de sages limites par une volonté intelligente, elle contribue à notre bien-être et à notre bonheur ; ce qui nous est indispensable ou utile, devenant alors toujours agréable, nous en concluons que les hommes trouvant un plaisir instinctif dans la contemplation de ce que la Nature offre de bon et de parfait, il doit se trouver des avantages dans cette contemplation, et nous continuerons par chercher en quoi ils consistent.

Pourquoi nous est-il avantageux d'atteindre ainsi à cette haute appréciation de la bienfaisance et de la sagesse divines ? Parce que, d'abord, nous considérons et examinons ; parce qu'ensuite nous sommes amenés à estimer et à admirer, et disposés naturellement à imiter ce que nous estimons et admirons. L'effort même d'imitation, quel que faible et imparfait qu'il soit, fortifie l'esprit, élève et purifie les affections ; tout cela fait partie du cours naturel et régulier des événements, et, si nous pouvons nous exprimer ainsi, forme un chapitre de l'histoire naturelle de l'homme. L'esprit humain, dans ce cas, est un miroir qui reflète les objets tels qu'ils se présentent à lui; mais l'esprit a la faculté de faire ce que ne peut faire le miroir. Par quelque sympathie mystérieuse, par quelque procédé qui, comme d'autres influences puissantes de la Nature, est caché à nos yeux et ne doit être connu que d'après ses résultats, l'âme peut acquérir et conserver une partie du cachet de cette beauté, de cette grace, de cet accord divins qu'elle contemple, et avec lesquels elle a une sorte d'affinité ; de même que nous voyons une plaque de métal chimiquement préparée, non seulement recevoir, mais retenir l'empreinte de l'image que lui apportent les rayons solaires.

Les avantages que ces études procurent se traduisent par leur influence sur le caractère et la disposition de l'observateur; car non seulement ils tendent à le pénétrer d'une confiance bien fondée en lui-même, mais ils lui inspirent aussi l'humilité et la modestie ; d'un côté, il trouve les sources dans lesquelles les découvertes les plus utiles ont été puisées sans qu'on s'y attendît ; mais, à force de persévérance, de talent, et par cette influence cachée que les hommes appellent, à tort, la chance ou le hasard, il voit que quand le roc, stérile en apparence, est frappé par la baguette magique de la science, il en jaillit un flot riche et abondant de savoir et d'utilité ; d'un autre côté, il s'aperçoit qu'il ne forme lui-même qu'une parcelle dans cet ensemble vaste et compliqué qu'il admire ; qu'il faut plus que le travail de la vie humaine pour comprendre, même imparfaitement, une seule branche de la science naturelle, et que le plus sage des hommes

« *N'est, en vérité, que l'enfant qui ramasse des coquillages au bord de l'Océan.* »

S'il était nécessaire de prouver que l'étude de l'Histoire Naturelle offre des avantages réels et continus, on pourrait dire que la vie des naturalistes est le plus souvent heureuse, sans tache et exempte des inquiétudes et des anxiétés qui résultent parfois des autres occupations. Il

y a pour les hommes qui s'occupent de la science naturelle des encouragements et des récompenses, aussi bien
que pour les esprits pieux, observateurs de la religion ;
et quoique les premiers soient bien inférieurs aux seconds,
ils ne sont cependant ni rares ni méprisables. Exposé,
ainsi que ses semblables, aux tracas, aux soucis et aux
chagrins, le naturaliste trouve des compensations qui sont
hors de l'atteinte de la fortune et qui font défaut aux autres
hommes, car il sent, lui, que même les tracas, les chagrins et les peines font de la nécessité qui les produit, un
système harmonieux et forment les anneaux de cette chaîne
des causes et des effets, qui relie toutes les créatures
et toutes les conditions. Il peut y avoir et il se trouve
souvent des nuages et des ténèbres autour du naturaliste,
mais il sait qu'ils se dissiperont et qu'alors apparaîtra
dans tout son éclat la puissante Mère, sereine, majestueuse
et calme, qui gouverne, guide et bénit ses nombreux
enfants.

Je pourrais citer beaucoup de circonstances où l'heureuse
influence de l'étude des sciences naturelles a produit des
résultats remarquables. Je me contenterai du témoignage
de quelques auteurs qui, à des degrés différents, étaient
eux-mêmes passés maîtres dans cette science, et qui ont parlé,
d'après leurs sentiments et leur expérience, des joies et
de la résignation que font naître l'étude et l'amour de la
Nature. Personne mieux que sir John Herschel n'apprécia
l'étude de la philosophie naturelle. Il s'exprime ainsi dans
un de ses admirables essais :

« Il y a quelque chose dans la contemplation des lois de
» la Nature, qui nous engage puissamment à faire abnégation
» de nos sentiments personnels et à nous en rapporter sans
» réserve à ces lois. J'ajoute que l'observation du calme, de
» la régularité énergique de la Nature, de l'immense étendue
» de ses opérations et de leurs résultats, tend d'une manière
» irrésistible à tranquilliser et à rassurer l'esprit. »

Wordsworth, dans son dernier sonnet au fleuve Duddon, exprime ce même sentiment dans les vers qui suivent :

Beau fleuve, fier courant qui, sorti des nuages,
Libre et majestueux coule entre tes rivages,
Ah ! puisse ton poète, égalant ta fierté ,
Dans ses chants imiter aussi ta liberté ;
Oublier, sans regrets, dans sa course féconde,
Et sa gloire passée et les plaisirs du monde;
Calme, subir du sort l'inexorable loi,
Et dans l'éternité se confondre avec toi.

Enfin, je citerai ces vers touchants qui, selon moi, n'ont pas moins de mérite, et que je copie dans le poème intitulé : *le Souhait du Pêcheur*, ravissante pastorale d'Isaac Walton; ce sont probablement les seuls qu'il ait écrits, mais ils semblent être l'expression de sa nature simple et pieuse :

Dans ces prés attrayants, dont le gazon, les fleurs
Réjouissent mes yeux de leurs vives couleurs,
Paisible, je voudrais, loin des plaisirs du monde,
Admirer la beauté du cristal de cette onde ;
Son murmure flatteur, de *Kenna* les accents,
D'une volupté pure enivreraient mes sens.
Là, ma ligne à la main, tout en guettant ma proie,
Etendu mollement, je verrais avec joie
Le merle au rouge bec, dans les airs suspendu,
Porter à ses petits le repas attendu.
Là, pêchant, méditant, je pourrais voir encore
Le déclin de la nuit, le lever de l'Aurore ,
En attendant que s'ouvre enfin, pour mon repos,
La tombe bien venue où dorment tous les maux.

J'ai déjà dit qu'un des avantages de ces études se trouve dans leurs tendances à épurer et à ennoblir le goût. Comme cette phrase est banale, et que son vrai sens n'est souvent pas plus apprécié par ceux qui l'emploient que par ceux auxquels on s'adresse, je veux ici l'expliquer. Le goût peut être considéré comme une aptitude à découvrir et à apprécier ce qui est beau dans chaque genre. Or, il y a des hommes qui ont naturellement un meilleur goût et sont doués d'une plus grande part de facultés intellectuelles que d'autres, de même qu'il en est dont l'organisation physique est plus puissante, et chez lesquels les sens de l'ouïe et de la vue sont plus développés que chez leurs semblables. La cause de cette diversité dans les qualités dont la Nature a doué les hommes est rationnelle. Il y a en effet, dans ce vaste atelier du Monde, beaucoup de travail et d'un travail varié, qui ne s'exécute là, comme ailleurs, qu'avec des ouvriers de capacités différentes. Or, c'est à cette nécessité qu'ont satisfait la pensée et l'œuvre de la Création. Mais quoique chaque homme soit doué de goût à un degré autre que son voisin, tous ont plus ou moins cette faculté qui, ainsi que toutes les autres, peut être amoindrie faute de soin et d'exercice, de même qu'elle peut être beaucoup améliorée par l'application et la pratique.

Lorsque je dis que l'étude de la Nature tend à entretenir, à perfectionner le goût, j'entends dire que par une constante contemplation de ce qui est beau et grand, nous sommes à même de mieux apprécier et de mieux comprendre, et que c'est cette application élevée et supérieure qui constitue le vrai goût.

Sans doute on peut, plus ou moins, parvenir au même but par d'autres moyens. L'homme peut cultiver et perfectionner son goût par l'étude de la peinture, de la sculpture ou de la littérature; mais de toutes ces études, aucune ne peut être aussi digne d'attirer son attention que celle de l'Histoire Naturelle; car toutes les autres ne s'attachent guère qu'à des objets qui reflètent le luxe et les passions de l'homme, tandis que l'aspect de la Nature est toujours beau, toujours pur, et que le goût développé par son étude acquiert ces mêmes et précieuses qualités.

Non seulement la Nature est belle, mais on peut dire en outre qu'elle est *seule* belle. N'est-elle pas, en effet, la source de toute beauté? Rien n'est beau dans l'art qu'en proportion de sa ressemblance avec la Nature et la plus amère critique qu'on puisse faire d'un ouvrage d'art est de dire qu'il n'est pas naturel.

La vérité est que l'homme ne peut pas plus créer le beau que la matière, et de même que la force et le génie réunis de tous les êtres humains sont et resteront impuissants à créer ou à détruire une seule particule de matière, de même, tout l'esprit inventif et tous les efforts de l'homme n'ont pu et ne pourront parvenir à créer le beau. Le réel et l'idéal sont d'un trop haut prix pour être sortis des mains de l'homme ; il peut les arranger, les déranger, les ré-arranger, leur donner toutes les variétés de formes appropriées à ses besoins et à son imagination ; il peut même faire des découvertes, mais là s'arrête son pouvoir. Il n'a rien créé dans les œuvres de la Nature. Ces œuvres sont, en quelque sorte, des meubles de famille qu'il ne peut détruire ; il les tient de ses pères et les transmettra à ses enfants.

Pour en revenir à mon sujet et ne pas me restreindre à un simple exposé de propositions abstraites, je me propose d'offrir des exemples qui démontreront la justesse de ce qui a été dit précédemment sur les avantages moraux et intellectuels qui résultent de l'étude des œuvres de la Nature, et du goût que cette étude développe infailliblement. Je ne puis trouver d'exemples mieux appropriés à mon sujet que ceux qui me sont fournis par la poésie.

La poésie est, en effet, l'expression la plus juste et la plus sublime de ce qui est beau et vrai ; elle résulte des pensées ardentes unies au charme de la versification. La Nature présentant un déploiement continuel et parfait du bon et du beau, nous trouverons, en examinant les œuvres des plus grands poètes anglais et étrangers, qu'ils doivent, en partie, leur supériorité à leur connaissance et à leur amour de ses ouvrages qu'ils dégagent de tout ce qu'il peut y avoir de vulgaire, pour orner les moindres produits de la création d'une beauté immortelle.

Comme tous les autres artistes, les poètes s'inspirent aux sources de la Nature, laquelle est, en quelque sorte, la matière première qu'ils façonnent selon leurs talents respectifs ; et de même que le bloc informe, ou la toile muette peuvent, sous les doigts d'un maître, refléter la grace et la beauté divines, de même, sous la main du poète, les moindres œuvres de la Nature peuvent devenir aussi l'image de la grace et de la perfection.

Dans aucune langue, ancienne ou moderne, on ne trouve, selon nous, une poésie supérieure à la poésie anglaise. Cette supériorité, nous le pensons, peut être attribuée à l'éducation rurale de nos poètes, par ce fait que tous les Anglais, y compris leurs poètes, ont, plus que tous les autres peuples, le goût et la pratique de la vie de campagne. Semblable à l'Anthée mythologique, le poète qui mène une existence champêtre acquiert une vigueur nouvelle autant de fois qu'il touche la terre. Je pourrais multiplier à l'infini des citations pour démontrer à quel point les poètes que nous estimons le plus, tels que Chaucer, Spenser, Milton, Shakespeare, Cowper, Burns, Wordsworth, Shelley, Byron, Coleridge, Keats et Scott aimaient et appréciaient la Nature, mais je m'en tiendrai, à cet égard, à deux citations comme preuves de tout le parti qu'un poète peut tirer du sujet le plus vulgaire, et comme exemple de la manière dont deux grands maîtres ont employé les mêmes matériaux.

Dans le poème de Chaucer *The Knight's Tale*, (notre premier poème lyrique et l'un des plus célèbres,) on trouve la belle description suivante de l'Aurore :

L'alouette courageuse
Et fidèle à son instinct,
Donne sa chanson joyeuse
A la vapeur du matin.
Nous pouvons l'entendre encore,
Messagère d'un beau jour,
Dès que rayonne l'Aurore,
En célébrer le retour.
Puis saluer la lumière
Du soleil, astre éclatant
Qui, du haut de sa carrière,
Fait sourire l'Orient,
Et sur la feuille humectée
De l'aubépine et du lis,
Sèche la goutte argentée
Suspendue entre ses plis.

Nous aurions considéré ce passage comme très expressif et très beau, s'il n'avait pas eu de rival, mais malheureusement pour la gloire de Chaucer, un plus grand poète devait lui succéder. Ces vers ont été évidemment remarqués par Shakespeare, qui semble s'en être emparé sans hésitation et sans scrupule ; puis, les ayant dérobés, il cacha son larcin, et pour employer ses propres mots), *il dora l'or pur et peignit le lis, il ajouta du parfum à la violette*. Dans son poème de *Venus and Adonis*, nous trouvons la stance si connue que voici :

Voyez, voici venir la douce alouette, lasse de repos,
Qui, de son gîte humide, s'élance dans les airs,
Réveille l'Aurore du sein argenté de laquelle
Le soleil se lève dans sa majesté
Et contemple ainsi glorieusement le Monde
Où les monts et les sommets des cèdres semblent d'or bruni.

Cette stance m'a toujours paru être une des plus parfaites de notre langue, et comme elle donne plus de relief à notre sujet, permettez-moi de m'y arrêter et de vous faire remarquer à quel point un poète bien pénétré de l'amour de la Nature peut pétrir les matériaux les plus ordinaires et les remuer dans le creuset d'une imagination vive jusqu'à ce que le *résidu* devienne argent brillant ou or bruni ; comment il peut les imprégner de l'éclat de son génie, jusqu'à ce que, pareils aux monts et aux sommets des cèdres, ils acquièrent des nuances de beauté et de gloire.

Les matériaux dont Shakespeare s'est servi ici étaient peu nombreux et très ordinaires : l'alouette, l'Aurore, le soleil, les monts et les arbres sont choses que tout le monde connaît, et dont il se préoccupe peu et, cependant, sous la main du poète, elles ont acquis tout l'éclat de la beauté. Tous ces objets réunis en faisceau, et marqués du cachet du génie, ont conquis une valeur inconnue jusqu'alors. Souvent au milieu du bourdonnement affairé des villes, comme dans la solitude des bois et des champs, ces brillantes peintures ne se représentent-elles pas à notre esprit comme un « rayon de soleil dans l'ombre » ? On peut dire de ceux qui ont ainsi appris à aimer ces poésies, ce que dans une autre circonstance, disait un poète moderne à propos des hommes qui, voués aux combats de la tribune ou du barreau, ont pu savourer, loin de leurs occupations ordinaires, le charme de la musique :

Malgré tous les soucis que donne la chicane,
Qui souvent les conduit dans ses sombres détours,
La musique parfois, comme un divin organe,
Semble venir pour eux des célestes séjours.
Qu'ils restent enchaînés aux soins les plus arides,
Qu'ils sortent d'une lutte avec tous les honneurs,
Du bel art dont leurs sens sont désormais avides,
Les suaves accents resteront dans leurs cœurs.

Pour nous résumer, remarquons d'abord la justesse de l'expression :

Voyez , voici la douce alouette. Je ne pense pas que le mot *doux* ait, jusque là, été appliqué à un oiseau, mais sûrement, aucun n'aurait pu être mieux employé. L'alouette est, en effet, gracieuse, aimable et innocente ; elle appartient, on peut le dire, à l'aristocratie de la gent volatile, et ne fait mal ni aux hommes, ni aux autres oiseaux, ni à aucune espèce de créature animée. Chaucer l'appelle *l'alouette courageuse.* Mais ce terme qui, selon nous, est plus approprié aux travaux de la vie, de la charrue ou des affaires, se trouve mal appliqué à une créature qui ne travaille, ni ne file, qui n'a ni magasin, ni grange.

Lasse de repos. Combien cette phrase est ingénieuse et simple à la fois ! Ici le mot *repos* est employé pour contraster avec *lasse ;* mais l'effet de cette antithèse est encore on ne peut plus heureux, en ce qu'elle représente l'alouette comme lasse de ce qui est le contraire de la fatigue. Pourquoi donc est-elle ainsi *lasse de repos ?* parce qu'elle est impatiente de s'élever dans les nues pour chanter son hymne d'amour et de louanges. Elle ne peut attendre la fin d'une courte nuit d'été, elle commence ses matines avant que les autres oiseaux aient fini leurs chants du soir.

De son gîte s'élance dans les nues. Avec quelle exactitude cette image représente le doux oiseau ! Nous nous le figurons quittant son petit refuge, moitié motte de terre, moitié touffe d'herbe, dans lequel il a passé la nuit, et qui est encore moite des brumes intenses d'une nuit d'automne ; puis aussitôt que ses tendres yeux sont ouverts à la lumière, il s'élance en s'agitant vers les cieux, dont les habitants n'auraient certes pas en lui un indigne emblême, *puisque,* pour faire une citation du vieux Isaac Walton :

> *Puisque tout ce que nous savons*
> *De ce que font les anges au ciel ,*
> *C'est qu'ils chantent et qu'ils s'aiment.*

Et réveille l'Aurore. Le poète fait ici allusion à un fait de l'Histoire Naturelle, auquel Chaucer avait pensé, en appelant l'alouette la *messagère du jour,* mais auquel vous n'avez sans doute pas fait attention. La plupart des oiseaux commencent à chanter dès l'apparition du soleil, ou peu de temps après ; or l'alouette entonne sa chanson bien longtemps aupara- vant, et le poète profite bien à propos ici de ce petit fait pour dire que l'oiseau réveille l'Aurore, la grondant en quel- que sorte de son retard à manifester ses actions de graces à leur créateur commun. Shakespeare en parle également ainsi dans la discussion entre Roméo et Juliette : *C'est l'alouette qui est le hérault du jour et non le rossignol.*

Du sein argenté duquel. Nous trouvons encore ici une image aussi juste que belle. Comme vous le savez, longtemps avant le lever du soleil, il se trouve à l'horizon une nuance argen- tée dans la partie du ciel où il doit apparaître, et qui de- vient graduellement orange et rose. Les anciens représen- taient l'apparition du soleil par maints beaux emblêmes C'est ainsi qu'ils nous peignent l'Aurore sortant de la couche de Tithonus, ou revêtue de la *pourpre de l'Orient,* et débar- rant les portails de l'Est à la couleur de rose ; mais personne n'avait jamais représenté le soleil par une figure aussi heureuse que *sortant du sein argenté de l'Aurore.*

Le soleil se lève dans sa majesté et contemple ainsi glorieu- sement le Monde où les monts et les sommets des cèdres sem- blent d'or bruni. Ceci nous donne la péroraison de cet élégant discours, la fin de cette douce harmonie, très simple en ap- parence, mais qui renferme un art exquis ; elle commence par le départ du petit animal qui quitte sa couche au toit si bas, parce qu'il est fatigué de son repos, puis vient le réveil de la brillante Aurore ; et enfin, de ce commencement attrayant et harmonieux, elle se développe avec splendeur ; le soleil apparaît comme un monarque couronné de rayons si éclatants, que même ceux de ses sujets sur qui il daigne jeter ses regards se trouvent heureux de sentir le reflet seul de sa gloire.

Mais je reviens à mon premier sujet, dont mon admiration pour cette stance m'a quelque peu éloigné. A quelle cause devons-nous attribuer l'influence que les poètes exercent sur nous, si ce n'est à notre organisation ordonnée et combinée de manière à comprendre instantanément les harmonies de la création, lorsqu'elles vous sont ainsi définies et démontrées par le génie des grands maîtres. Il en est de même des hommes qui, sous ces influences, ne peuvent manquer de devenir moins sordides et moins méchants les uns envers les autres. *Un effet seul de la Nature unit le Monde entier par les liens de la parenté*, et lorsque nous contemplons le magnifique héritage du domaine de la Nature, et que nous nous pénétrons de l'idée qu'il appartient non seulement à nous-mêmes, mais encore aux plus vils et aux plus infimes de nos semblables, il est impossible que nous n'ayons pas la conviction, que nous sommes tous co-héritiers, enfants d'un même père, et, par conséquent, tenus de nous prodiguer les uns aux autres tous les égards d'une tendre affection, et, que si nous voyons nos frères dégradés et avilis, ou tombés dans la misère et l'ignorance, nous ne pouvons que déplorer de les voir ainsi dépossédés de leur patrimoine et faire des vœux pour les voir recouvrer bientôt leur dignité d'homme.

Sheller a décrit admirablement les tendres influences de l'amour de la Nature dans son poème intitulé *Alastor*.

Terre, Océan, Air, admirable fraternité !
Si la Nature, notre sublime mère, a pénétré mon ame
D'une seule parcelle de piété pour comprendre
Vos bienfaits et y participer par mes intentions et mes actes,
Si l'aurore brumeuse et l'odorante soirée, et même
La disparition du soleil et de ses éblouissants ministres ;
Si, dans le silence, le tintement solennel de minuit

Et les vagues soupirs de l'automne dans les bois dépouillés ;
Si l'hiver, vêtu de blanche neige et de couronnes
De glace étincelante, d'herbe grise et de buissons effeuillés ;
Si les peintures voluptueuses du printemps lorsqu'il donne
Ses premiers doux baisers, m'ont été également chers ;
Si , à aucun brillant oiseau, insecte ou timide animal,
Je n'ai fait de mal volontairement ; mais si, au contraire, je les
Et chéris comme ma famille, pardonnez alors.   [ai aimés]
Cet orgueil, bien aimés éléments, et ne me retirez pas
Une seule de vos faveurs accoutumées.

Les poètes anciens paraissent avoir également ignoré l'Histoire Naturelle et le véritable amour de la Nature ; ils les connaissaient superficiellement et pouvaient les décrire tels, mais la vie intérieure ne leur était pas révélée ; c'est à cette cause que nous devons attribuer le peu d'influence qu'ils ont exercée sur le genre humain. Ils admiraient la Nature, mais ne la comprenaient pas et, par conséquent, ne pouvaient pas l'aimer ; nous les admirons ces poètes, mais nous ne les aimons pas.

L'étude leur était également inconnue, ainsi qu'à ceux auxquels ils s'adressaient ; ils s'attachaient à traiter des sujets qui, selon eux, étaient bien plus nobles, tels que les luttes de l'homme, les fureurs et les inconstances de la guerre, les conciles et leurs discussions, les amours et les haines de leurs dieux, les intrigues et les commérages de la cour et du forum ; tout cela constitue le fond de leurs poèmes et s'accorde peu avec le sentiment et l'amour des beautés tranquilles de la Nature. Nous ne pouvons nous figurer Homère et Hésiode s'abaissant à traiter un sujet aussi simple, aussi peu héroïque qu'une souris ou qu'une paquerette ; et pourtant nous osons dire que le petit poème de Burns, sur la paquerette de montagne et sur la souris dont il avait détruit le nid avec sa charrue, a exercé une grande influence sur le genre humain ; il a réveillé des sympathies meilleures et plus profondes que tout ce qu'Homère et Hésiode ont imaginé.

Je ne voudrais pas qu'on me supposàt l'intention de faire croire que les grands poètes de l'antiquité n'étaient pas animés de l'amour de la Nature qu'ils étaient incapables d'en apprécier les beautés, car je suis convaincu qu'aucun poète ne pouvait être dans ce cas ; et, comme preuve, je ferai observer que les plus grands des poètes anciens, Homère et Virgile paraissent avoir possédé cet amour au plus haut degré ; cependant, ils n'en étaient ni inspirés, ni pénétrés comme le sont beaucoup, je dirai même tous nos bons poètes modernes ; ils ne pouvaient, par conséquent, reproduire ce qu'ils ne sentaient pas. Lorsqu'ils traitent les phénomènes naturels, ils les comparent simplement à quelque transaction humaine, comme donnant l'explication du travail des passions de l'homme, rendant ainsi la Nature esclave de l'art au lieu d'en faire la maîtrese.

Ainsi, les comédies des grands dramaturges grecs, Eschyle et Euripide, sont presque dénuées d'allusions à tout ce qui touche à l'Histoire Naturelle ; *le Bain fatal, le Champ de bataille, le Triomphe, les Temples et les Sacrifices,* les inexorables Furies, sont décrits avec des couleurs vives et éternelles ; mais à part la citation fortuite d'une génisse au lait blanc, ou de l'agneau sans tache pour le sacrifice, de guirlandes de roses pour la victime, de myrtes ou de lauriers pour la tresse du vainqueur, de la fatale ciguë au mortel breuvage, ces poèmes ne font qu'à peine mention de ces choses que nous jugeons aujourd'hui dignes de servir de thèmes aux poètes ; car, à en juger par ce qu'il nous en disent, la Nature était lettre close pour ceux qui les ont composés, et ce monde resplendissant et glorieux dans lequel nous nous plaisons tant : les montagnes, la mer, les fleuves, les forêts et toute la solitude peuplée d'oiseaux et d'abeilles, et les êtres aux formes gracieuses, aux brillantes couleurs qui l'habitent, n'existaient pas pour eux, comme pour nous ; et ainsi il arrive que ces comédies, quelles qu'étonnantes qu'elles soient comme travail du génie, comme peinture des passions et des souffrances humaines, n'éveillent en nous que peu de sympathie ; elles existent à nos yeux comme ces temples en ruines, debout encore avec leur austère beauté, dans lesquels ces mêmes poètes se prosternaient sur le roc blanchi, resplendissant au soleil sans nuages ; mais là, on ne voit ni roses qui grimpent au pied des murs, ni groupes de lierre suspendus à leurs frontons, ni violettes naissantes embellissant leur base ; et quoique nous nous extasions devant leur splendeur et leur majesté, nous ne pouvons les aimer, car ils ne nous rappellent pas notre élément ; ils ne ressemblent à rien de ce qui nous touche.

Mais il temps de quitter la poésie et le roman pour comtempler, dans le temple de la Nature, un autre groupe d'adorateurs. A la première vue, nous trouvons si peu de rapports entre le poëte et le naturaliste, que nous hésitons à croire que la même divinité soit réellement l'objet de leur culte. Le poète se livre tout entier à la fécondité de son imagination ; le naturaliste, au contraire, s'en méfie, comme d'une conseillère dangereuse, je dirai même perfide.

Le favori des Muses tourne instantanément ses regards passionnés du ciel à la terre et de la terre au ciel, mais son œil trop rapide ne fait qu'effleurer ce que l'amour de la Nature veut approfondir ; l'un éprouve du plaisir à la vue des formes sublimes que la terre offre à sa surface, sur l'Océan ou dans les nues, et frappé des merveilles qu'il y découvre, il nous en reproduit les beautés dans ses gracieux tableaux; tandis que l'autre, plus humble dans ses travaux, s'occupe d'un insecte, d'un brin d'herbe, et le résultat de ses observations est consigné dans des pages hérissées des dénominations barbares de genres, d'espèces, de citations, de synonymes et de noms d'auteurs qui jamais n'étaient parvenus à nos oreilles.

Car, dans le monde intellectuel et dans le monde moral, dans les sciences, dans l'usine ou dans l'atelier, le résultat obtenu dépend de la division judicieuse du travail, aussi bien dans la poésie que dans les études scientifiques. Un homme seul ne peut tout faire; aussi, quoique la poésie et les recherches scientifiques puisent leur véritable et seul encouragement dans l'amour de la Nature, elles ne peuvent jamais se fondre dans un même sujet chez le même individu. il est vrai que quelques hommes hardis, tels que Darwin, dans son *Temple of Nature*, ont essayé la poésie scientifique, mais cet essai ne leur a pas réussi. Dans ces études, comme dans d'autres, chacun ferait bien à l'avenir de s'attacher à celle qui lui est spéciale.

Dans toutes les autres sciences, comme dans l'Histoire Naturelle, on rencontre des auteurs de divers mérites. Les uns sont doués de dispositions toutes particulières pour observer et décrire les phénomènes de la Nature, tandis que d'autres n'ont de spécialité que pour en analyser les causes. Les premiers ne font, pour ainsi dire, que fournir la matière aux seconds, mais tous sont utiles, et les travaux des uns ne seraient d'aucune utilité sans ceux des autres ; témoin le collectionneur que Wordsworth, dans son petit poème de *Poets épitaph* a traité d'une manière si légère et si injuste, et dont il parle comme d'un *coquin capable de fouiller et de botaniser même sur la tombe de sa mère.*

Voyez-le, regardant fixement un insecte ou un coquillage ; son travail est utile, car il contribue, dans la mesure de ses forces, à élever le temple de la science ; il a trouvé un coquillage sur lequel on voit plus de lignes ou de marques qu'on n'en avait rencontrées jusque là sur d'autres de la même espèce ; ou bien, il a découvert quelque vilain petit insecte possédant deux antennes, tandis qu'on ne lui en avait reconnu qu'une seule, et enfin, son triomphe est complet, ses recherches de bien des semaines sont payées et au-delà; il a découvert une chose ignorée jusqu'à ce jour, car il a mis en évidence ce qui, sans lui, serait resté inconnu, et, ainsi que le dit Niebuhr, il *jouit de la félicité de créateur ;* s'il a soif d'ambition, il sera satisfait, car son herbe, son coquillage, ou son chétif insecte, sera inscrit dans les catalogues scientifiques sous son nom et lui donnera incontinent une renommée impérissable. Cependant, on ne jouit pas toujours paisiblement de ces honneurs, car trop souvent le zélé savant est forcé de combattre ardemment pour conserver la gloire qu'il a acquise contre un rival qui réclame le mérite de ses découvertes.

Nous pourrions passer quelques heures, et ce ne serait pas sans quelque profit, à considérer le fait de la division du travail dans les recherches intellectuelles, et à le suivre dans les dispositions et les facultés dont les hommes sont doués ; cet examen ne serait pas non plus étranger à la question que nous traitons, puisqu'il constitue un passage intéressant dans l'histoire naturelle de l'homme ; mais quoique l'occasion soit engageante, j'y renonce et me borne à dire que bien des résultats étonnants et inattendus ont été obtenus même par les humbles travaux du collectionneur et de ses confrères. Comme toujours l'humanité a beaucoup à apprendre et comme toujours aussi, il s'est trouvé et il se trouvera des hommes pour faire des découvertes et les décrire; et de même que les plus beaux édifices élevés par la main de l'homme sont dus, autant au travail du maçon et du charpentier, qu'au talent de l'architecte; de même; les découvertes les plus importantes et les plus brillants résultats obtenus dans les sciences ont été et pourront toujours être aussi bien attribués à la patience laborieuse du collectionneur et du naturaliste, qui cherchent et coordonnent des faits (comparables aux pierres de l'édifice), qu'à l'intelligence et au génie du philosophe qui, en établissant des conclusions sur les vérités ainsi obtenues, les réunit en un seul édifice symétrique.

On ne peut mieux démontrer cette vérité qu'en citant les découvertes faites récemment dans la science géologique ; ou nous pourrions presque dire, en citant la découverte de cette science même, car, jusqu'à ce qu'elle soit arrivé au point où elle est, principalement par les recherches de celui dont je vais maintenant parler, on ne pouvait la considérer comme une science.

Bien des années avant 1790, des discussions piquantes et animées, sur l'origine de la Terre, avaient eu lieu entre deux savants rivaux. Hutton, en Angleterre, et Werner en Allemagne, représentaient ces deux écoles ; les disciples du premier étaient connus sous le nom de *Plutonistes*, et ceux du dernier étaient appelés *Neptunistes*. Les uns attribuaient les formes de la Terre à l'action de l'eau et les autres à celle du feu volcanique.

Pendant que cette controverse agitait l'Europe entière, et que ces contestations pleines d'aigreur changeaient fréquemment de face, un homme surgit : William Smith, géomètre anglais, favorisé de la fortune, mais dépourvu des avantages de l'éducation ; C'est à lui qu'il était réservé de composer cette œuvre gigantesque, *combat titanique*, dont les principales armes furent les montagnes, les vallées, la basalte et la craie. Apprenti chez un receveur de rentes qui avait des affaires importantes dans l'*Oxfordshire*, M. Smith eut des occasions dont il profita souvent, d'examiner les rochers, les lias et les oolithes de ce voisinage et des environs, ainsi que le nouveau grès de sable rouge et les formations houillères du *Somersetshire*, et se familiarisa ainsi avec les vestiges fossiles et organiques.

L'existence de ces fossiles était connue depuis plusieurs siècles, mais jusque là leur classification et leur rôle dans l'histoire de la Terre étaient tout à fait ignorés. Rien ne pouvait être plus étrange et, comme nous le voyons maintenant, plus absurde que quelques unes des théories établies, même par des savants, sur ces vestiges. Personne ne s'était jamais imaginé qu'ils se rattachassent d'une manière quelconque à la formation de la Terre; qu'ils fussent positivement ce qu'un conchioliologiste appellerait des lignes de développement indiquant infailliblement un grand nombre de périodes successives dans l'histoire de la Terre. Une des hypothèses que l'on mettait en avant était que ces fossiles n'avaient jamais appartenu à des êtres vivants, mais qu'ils consistaient en des résidus de quelque pouvoir plastique de la Terre, résultats naturels de la Nature, diversions dans lesquelles elle semble se complaire parfois, en créant et en fabriquant des imitations de ses propres œuvres, pour faire mieux valoir ses créations utiles. Quelques savants ont soutenu l'opinion monstrueuse que, bien que ces fossiles fussent des vestiges d'êtres vivants, ils avaient été produits par du frai et des œufs qui auraient pénétré dans les fissures de la Terre au moment du déluge universel, ou auraient été déposés à sa surface par les vapeurs de la mer, et précipités ensuite dans les fissures où ils auraient éclos ; tandis qu'un tiers d'entre ces savants, non moins déraisonnable, prétendait que ces coquillages et ces fossiles marins avaient été déposés là où on les avait trouvés par une inondation, par un tremblement de terre ou par une autre cause analogue.

Le conflit en était là après avoir été agité et varié, lorsque William Smith, parut dans l'arène. Les détails de ses découvertes seraient inutiles ici, il suffit, pour ce qui a trait à notre sujet, de dire qu'il fut le premier qui constata d'une manière certaine, que chacune des nombreuses strates qui existent en Angleterre, conserve avec une précision positive son ordre réel de superposition ; et de plus, que chacune d'elles peut être distinguée de toutes les autres par ses fossiles particuliers, ou par ses vestiges d'êtres organisés.

Après beaucoup de difficultés et de découragements, William Smith vit enfin ses travaux appréciés et son mérite reconnu. The geological Society de Londres lui décerna sa pre-

mière *Wallaston médal*, en considération de ses importantes
découvertes dans la géologie anglaise, et surtout eu égard
à sa priorité à reconnaître et à enseigner en Angleterre la
classification des couches géologiques et à en déterminer
l'ordre par leurs assises de fossiles. L'éloquent panégyrique
suivant, prononcé par le professeur Sedgwick, président de
la Société, et dont la véracité fut reconnue par tous les
hommes compétents, démontrera jusqu'à l'évidence combien
les résultats de ses travaux furent estimés de ceux qui
étaient le plus à même de les apprécier.

« Si, dit-il, dans l'orgueil de notre force actuelle, nous
» étions disposés à oublier notre origine, notre propre lan-
» gage scientifique nous trahirait, car c'est le même que
» William Smith nous enseigna dans l'enfance de notre
» science ; si, par nos efforts réunis nous sculptons les
» ornements et élevons lentement les tours de l'un des tem-
» ples de la Nature, ce fut lui qui en fit le plan, qui en jeta
» les fondations et qui érigea une partie de ses murs
» inébranlables, par le travail seul de ses mains. »

Inutile de dire que ce savant eut le sort de beaucoup d'autres qui ont aimé et cultivé la science par pur amour d'elle-
même. La richesse et les honneurs, comme nous le savons,
sont des maîtresses jalouses, et ne permettent pas à leurs
élus de se livrer à d'autres recherches.

Le petit patrimoine de Smith fut bientôt épuisé ; ses occupations furent négligées, et il n'est pas étonnant qu'il ait
couru des périls et enduré des privations comme peu de
savants (cette classe endurante) en ont éprouvé. Pendant
plusieurs années, nous dit-on, il n'avait souvent de refuge
que les rochers, et ce n'est que lorsqu'il eut atteint sa
soixante-dixième année qu'une modique rente, mais suffi-
sante, lui fut accordée par la Couronne. Il ne jouit de sa
pension que peu de temps, car il mourut subitement en
1836. Il mérite d'être cité à cause de la constance et de la
sincérité de sa nature, et parce qu'à sa dernière heure, il

se rappela le théâtre des travaux de sa jeunesse, ainsi que ses triomphes de l'âge mûr ; car, de même que le poète désire être enterré sur quelque sommet exposé aux rayons du soleil, ou que le soldat souhaite d'avoir pour tombe le champ de bataille, ou encore que le prêtre désire reposer dans la mort au pied de l'autel où jadis il officiait, de même, le pauvre Smith désirait être enterré dans l'oolithe :

Moritur et moriens dulces reminiscitur Argos. (*)

Telle a été la vie et telle fut la mort de celui que ses contemporains appellent à juste titre : *le père de la géologie anglaise.* J'ai parlé de sa vie pour deux raisons, d'abord pour démontrer, d'une manière évidente, combien de choses un homme de talent et d'intelligence ordinaires peut accomplir, s'il veut mettre à profit ses facultés et les circonstances.

Les matériaux dont William Smith s'est servi, étaient à la disposition de tous les hommes depuis des siècles ; les monts, les rocs et les mines offraient les vestiges d'animaux de races éteintes et de plantes de formes extraordinaires et inconnues, mais en vain. Ils avaient bien été cités par les poètes et les philosophes, cherchés par les collectionneurs, examinés par les naturalistes et les savants ; mais de toutes leurs opérations, il n'était résulté que des discussions, personne n'avait songé et encore moins suggéré l'idée que ces couches de vestiges fossiles étaient, en vérité, autant de chapitres du *Livre Paralipomènes des chroniques du Monde.* L'histoire du passé a toujours eu et elle possède encore ses admirateurs et ses adeptes ; les hommes ont toujours, et avec raison, été curieux de connaître ceux qui ont foulé le Globe avant eux, et de mesurer leurs propres progrès dans

---

(*) Il meurt, et, à son dernier soupir, il se rappelle Argos chère à son cœur.

les arts, dans les sciences, dans les armes et dans les lettres, en les comparant à ceux de leurs ancêtres ; c'est ainsi que la médaille usée, l'arme rouillée, la colonne enfouie, la statue mutilée, ou le manuscrit à demi-effacé ont été pour eux, à toutes les époques, l'objet de recherches avides pour arriver à connaître ce qu'ils pouvaient leur apprendre du passé. Mais personne, jusque là, n'avait bien lu, ni même cru possible de lire les hiéroglyphes ainsi gravés sur le roc ; personne n'avait étudié l'histoire de ce grand combat, de ce naufrage et de ce ravage des créations perdues, qui eurent lieu lors de la formation de ces terres maintenant belles et fertiles ; mais le moment de cette découverte était arrivé ; la carte était sur le point de se dérouler ; le livre devait s'ouvrir ; le thème devait être expliqué, et un homme qui n'était ni poète, ni philosophe, ni chimiste, ni même naturaliste ; un homme d'une humble origine, d'une éducation imparfaite et peu favorisé des dons de la fortune, cet homme, dis-je, devait avoir le privilége de lever le voile qui cachait cette brillante peinture, de disperser les nuages qui obscurcissaient ce glorieux paysage.

L'histoire de William Smith sert aussi, dans une certaine mesure, d'exemple pour prouver que les études ont leur bonne part dans les avantages et jouissances qui sont le partage des facultés intellectuelles : Pourquoi de gaîté de cœur dédaignait-il le plaisir et leur préférait-il les jours de labeur ? si ce n'est qu'il trouvait des jouissances à faire des découvertes pour lui-même d'abord, et à révéler ensuite à ses confrères ces preuves des œuvres parfaites et de la bonté infinie de la divine Providence. Lorsque nous ressentons, par hasard, ces pressentiments qui ont lieu dans le cours de toutes les entreprises, lorsque nous sommes amenés à douter et à nous demander si nous ne perdons pas notre travail en observant et en accumulant un nombre de faits de l'Histoire Naturelle, insignifiants en apparence; ou, si comme le disait Cowper, en parlant d'une autre étude

« Nous ne puisons pas dans des puits vides vieillissant
toujours, mais n'en tirant rien, »

rappelons-nous que ce fut ainsi que celui dont nous parlons
éleva l'édifice de ses découvertes, et rappelons-nous aussi que
ses efforts furent récompensés. Quoique son petit avoir fut
épuisé, sa profession perdue, dans sa vieillesse et malgré sa
faiblesse, il était cependant heureux et content. La Nature
n'abandonna pas celui qui contribua à son éclat, et jusqu'à
la fin il nous offre le spectacle d'un homme

Pauvre et misérable, mais aimé des Dieux.

Maintenant, laissons-là le travailleur pour examiner les
résultats de ses travaux, et voir jusqu'à quel point ils ont
contribué à cette haute et bonne appréciation de la bonté,
de la puissance et de la sagesse divines auxquelles nous
avons fait allusion, comme étant obtenues par l'étude de la
Nature, sans laquelle elles paraissent presque sans valeur.
Chaque découverte faite dans la philosophie naturelle nous
conduit inévitablement à croire, ou plutôt nous confirme
dans cette croyance, que tout dans la Nature, que chaque être
dans le monde animal, végétal et minéral, que chaque condition
mécanique et chimique sont en parfaite harmonie les uns
avec les autres.

Le monde matériel, si nous pouvons nous exprimer ainsi,
est un grand emmanchement où chaque chose est adaptée à
une autre, aussi bien pour ce qui concerne le passé, le
présent et l'avenir, que pour ce qui tient à la quantité, au
lieu, au temps et à la qualité ; que cette assertion soit vraie
en détail, personne ne peut en douter, et si elle est vraie
en détail, elle doit l'être en général, puisque le général n'est
qu'un composé de détails, et comme preuve, je poursuis
en donnant des exemples sur les apparences de la structure
et de la condition de la Terre elle-même, qui est adaptée,
non seulement à la condition physique des êtres humains,

mais à leur nature sociale, commerciale, morale et intellectuelle. J'essaierai de signaler comment, selon nos présomptions, furent formées les parties habitables de la Terre ; à quelle époque ces formations eurent lieu, en quoi elles consistent, et enfin par quelle cause et dans quel but (autant que nous sommes porté à le croire), la Terre fut composée tout particulièrement avec ces matériaux et pendant des périodes successives.

Nous connaissons peu l'intérieur de la Terre ; la surface qui est exposée à notre examen est, en comparaison de son tout, d'une dimension très restreinte. Ainsi, on nous dit que les fissures et les crevasses que nous voyons sur le vernis des globes qui servent dans les colléges, sont dans la même proportion, par rapport à ces globes, que les variations de la Terre exposées à notre vue, sont à son entier.

La Terre, telle qu'elle nous apparaît dans une grande partie de l'Angleterre, et dans d'autres parties du monde, est composée de couches superposées, s'enveloppant les unes les autres, comme les enveloppes de quelques plantes bulbeuses ; mais chacune de ces couches est de nature et de composition différentes, ce ne sont ni plus ni moins que les dépôts, ou les boues desséchées de quelque ancienne mer.

Les idées que nous possédons de ces dépôts et de ces boues ne représentent qu'imparfaitement la nature de ces couches. Nous nous figurons seulement quelques pouces ou quelques pieds d'épaisseur, mais ces résidus d'anciennes mers sont d'une profondeur énorme ; ainsi celle de :

L'argile de Londres a été estimée à environ,	550	mètres
La craie,	425	
Les couches de *Wealden,*	240	
Les oolithes,	450	
Le lias,	300	
Le grès rouge nouveau,	300	

Les formations houillères et la pierre calcaire

de magnésie,	3,000 mètres
Le grès rouge ancien,	900
Le silurien,	900
Le cambrien,	7,600

Comme ces rochers sont le dépôt d'anciennes mers, nous savons que, selon la loi universelle, ils furent formés dans une position horizontale ; l'eau est le niveleur le plus exact et ne permet à aucun rocher, ni pierre de dépasser long-temps en hauteur ses voisins ; par conséquent, nous voyons ces lits, ou ces dépôts de cinquante ou soixante mers diffé-rentes, chacun suivant son prédécesseur ou y formant un dépôt, rangés avec autant de régularité et d'uniformité que les feuillets d'un livre fermé. On estime l'épaisseur de ces couches, en les mesurant ensemble, à environ 15,000 mètres.

Ces dépôts ont été évidemment formés en partie par les matériaux provenant d'îles détruites et par les rivières qui ont charrié les terres sur lesquelles elles roulaient ; mais prin-cipalement par l'action des flux et des courants de la mer, qui battaient les rivages ; ils furent aussi jusqu'à un cer-tain point, formés par l'accumulation des débris de coraux, de coquilles, de mollusques et d'autres êtres marins qui naissaient et mouraient dans ces eaux. Ces causes et les conditions mécaniques et chimiques auxquelles elles ont été soumises ont donné à chacune de ces couches un caractère particulier ; ainsi, nous possédons dans les environs de Croydon, de l'argile, de la craie, du grès, tous résidus de déchets ou de boues d'une mer différente, et par conséquent d'une époque distincte, possédant chacun son caractère minéral bien tranché et son emploi tout spécial, emploi dont nous parlerons plus loin.

Comme ces diverses couches furent d'abord déposées hori-zontalement les unes au-dessus des autres, il s'ensuit que si elles étaient toutes restées dans leur position primitive, celles du dessous (les premières déposées) eussent été à une grande profondeur : ainsi, les assises de craie les plus profondes se seraient trouvées à environ 800 mètres au-dessous de la surface de la terre ; le lias à 1,600 mètres, tandis que le charbon, le fer et la pierre calcaire reposeraient à la profondeur de 3000 mètres environ, et en admettant, ce qui n'est pas probable, que ces carrières eussent été découvertes, on n'aurait jamais pu les exploiter.

Nous trouvons, par des conclusions évidentes, que, de temps en temps, des déplacements importants ont eu lieu dans la disposition de ces couches. Deux agents simples, mais puissants, le feu et l'eau, ont toujours été et sont encore en activité, luttant, pour ainsi dire, l'un avec l'autre, produisant chacun de grands changements mécaniques et chimiques ; or, par le fait même de cette lutte incessante et égale, ils maintiennent l'équilibre du Monde, qui serait détruit, si l'un de ces deux agents avaient toujours le dessus. Alors le globe habitable serait anéanti.

Nous savons que l'eau tend toujours à faire des nivellements, que le feu et les changements chimiques qu'il produit font des soulèvements; ces effets sont probablement dus aux influences des tremblements de terre et des actions volcaniques souterraines ; les différentes enveloppes formées par les dépôts des anciennes mers ont été déplacées de leur gisement originel et lancées plus haut, puis, elles ont sans doute été déposées de nouveau et dérangées plus d'une fois.

Vous remarquerez, cependant, que, si toutes les strates avaient été soulevées à la fois uniformément, nous aurions été tout aussi éloignés qu'auparavant des couches les plus profondes ; car, tout en étant lancées loin du centre, elles n'en seraient pas plus près de la surface. Mais ici encore, la force et la vertu de l'eau apparaissent comme un grand niveleur ; en nous figurant que ces soulèvements des strates se sont pro-

duits de manière à ce que la masse déplacée présentât un dôme
(comme on peut le supposer), couvert et comprimé par un
immense volume d'eau, pendant une période de plusieurs
siècles, nous pouvons supposer que la masse, au fur et à
mesure de son élévation, a été soumise à l'action de cette
eau qui la recouvrait, mais que le centre ou le dôme s'en est
ressenti plus que les côtés et qu'il a été enlevé, tandis que
les côtés sont restés en place ; il a dû en résulter que les
couches inférieures n'ont pas été seulement découvertes par-
tiellement et mises à nu, mais qu'une partie se sera trouvée
aussi amenée à la surface de l'eau et placée au même
niveau que celles qui lui avaient été supérieures en élévation.

Celle-ci n'est qu'une seule des différentes opérations par
lesquelles les strates inférieures ont pu être amenées à la
surface ; et dans notre voisinage nous avons précisément un
exemple d'un changement semblable ; ainsi, entre les montagnes crayeuses qui entourent Croydon au Sud, et celles
qui sont parallèles à la côte de Kent et de Sussex, on peut
voir la trace d'un immense abîme ; cette ouverture est com-
blée par des couches inférieures de craie, de diorite, d'argile et de sable de *Hastings,* mais ces diverses couches que
l'on trouve à peu près au niveau des lits supérieurs
de craie, doivent avoir été primitivement à quelques centaines de mètres au-dessous.

Comment ce changement s'est-il donc produit ? simplement par le soulèvement de la masse et le déplacement de la
surface, de la manière décrite plus haut; nous avons à l'appui
plusieurs preuves concluantes ; mais nous n'avons pas de
données pour nous aider à juger combien de temps dura l'o-
pération ; des centaines ou plusieurs milliers d'années, ou
peut-être quelques mois seulement.

Une des preuves dont j'ai parlé plus haut, consiste dans
la position de ces couches qui n'ont pas été déplacées. Si
les assises ont été soulevées, ainsi que nous l'avons décrit,

et si le dôme ou partie supérieure a été enlevé, nous devons nécessairement nous attendre à trouver les parties in-
tactes dans leur position originelle, c'est-à-dire inclinées et
séparées les unes des autres, absolument comme le seraient
les chevrons d'un toit auquel on aurait enlevé le sommet ;
eh bien ! c'est ainsi que les côtés des couches se présentent.
Les *North Downs* inclinent vers le Nord, et les *South Downs*
penchent vers le Sud ; en nous figurant la continuation de
ces couches ou le complément du dôme, nous aurions une
montagne de craie de 1600 mètres peut-être, mais les couches inférieures, qui sont actuellement à nu et livrées à l'exploitation de l'homme, ne seraient pas visibles. Si on exa-
mine les strates qui existent à Tilburstow Hill, du côté nord
de l'abîme que nous avons cité, on trouvera qu'elles ont été
brisées avec violence, et qu'elles sont inclinées suivant un
angle de 45° vers le Nord ; cette inclinaison continuant sous
terre, comme nous n'en pouvons douter, à une profondeur
considérable, circonstance parfaitement visible à Croydon,
où la craie tend à pencher dans ce sens, nous exhibe
ainsi les traces d'une catastrophe ou d'une série de catas-
trophes depuis lesquelles il peut s'être écoulé des milliers
et même des millions d'années.

J'ai choisi cet exemple parce qu'il se rapporte à un pays
qui vous est familier, mais j'aurais pu en choisir d'autres
qui auraient tout aussi bien servi à mon but et peut-être
mieux encore. Les faits ne se sont pas produits partout de
même, mais le résultat général a été incontestablement tel
que je l'ai dépeint.

Maintenant, nous allons examiner à quelle époque ces
changements ont eu lieu. Il paraîtrait qu'ils se sont produits longtemps avant l'apparition de l'homme sur cette
planète ; du moins rien jusqu'ici ne prouve le contraire.
Dans chacun des cinquante ou soixante dépôts des anciennes mers dont nous avons parlé, on trouve une grande

quantité de vestiges de coraux, de poissons de mer et
d'eau douce, de coquillages, et dans les couches supérieures de grands mammifères, entr'autres, en Angleterre, le
mammout, le rhinocéros, l'hyène, le lion, et un castor gigantesque ; mais dans aucune de ces couches, on n'a encore découvert d'ossements humains ; on n'a trouvé ni dents, ni
monnaies, ni instruments, ni armes, ni restes de poterie,
malgré les recherches faites sur tous les points du Globe ; en
supposant même que l'apparition de l'homme sur la terre ne
date que de 6,000 ans, on peut raisonnablement admettre que
les changements dont il est question plus haut se sont
opérés pendant des milliers et même pendant des millions
d'années. Or, si nous estimons l'épaisseur des strates à
15,000 mètres, et que la moyenne des dépôts de matière
solide ait été d'environ 0ᵐ 0 25 par an, ce qui, d'après les
observations, est la moyenne de ces dépôts, il résulterait
qu'il a fallu six millions d'années pour opérer la formation
de ces couches ; mais nous ne connaissons que ce qui existe
actuellement, et nous ignorons ce qui a pu être détruit ;
personne ne peut deviner combien les dépôts des anciennes
mers ont formé d'îles et de continents qui ont disparu
ensuite, ni combien de fois ces matériaux ont été composés,
décomposés et recomposés ; mais quoique nous ignorions à
quel point cet état de choses a eu lieu, nous savons qu'il a
été incessant, attendu que nous trouvons, dans chaque as-
sise, les traces d'anciens dépôts qui ont dû être détruits,
ou en train de se détruire au moment même de la formation
des couches qui les contenaient ; ainsi, on rencontre de
grands galets, du vieux grès rouge, mélangés avec le
charbon. Les immenses couches de gravier, de silex qui
s'étendent presque sans interruption de nos voisinages à
la Tamise, ne sont que les restes de montagnes de craie
qui ont été détruites et dispersées, tandis que les galets
arrondis, qui sont en grande quantité sur les montages

au Sud-Est de Croydon et sur d'autres points sont également les restes de quelque convulsion bien antérieure, mais différente quant à l'étendue et à la nature de celle qui a produit le gravier anguleux.

Il ne serait donc pas déraisonnable de supposer que les couches qui ont disparu égalaient en volume celles qui sont en partie détruites, ce qui, en raison de la proportion établie plus haut, donnerait de 10 à 12 millions d'années pour la formation du tout. Il est bien entendu que c'est là une conjecture, mais elle n'est pas sans données, et c'est la meilleure que ces données suggèrent.

On pourrait mettre en avant plusieurs autres arguments pour démontrer l'antiquité de la Terre, mais nous n'avons le loisir de nous occuper que de celui qui, fondé sur des faits, se rapporte à la création des nouvelles espèces d'animaux et à l'extinction des anciennes. Nous n'avons pas de preuves, et nous avons peu de raisons de croire qu'un grand nombre d'espèces d'animaux a disparu depuis la création de l'homme ; nous n'en possédons pas non plus pour penser que des espèces nouvelles ont été créées depuis la même époque ; tandis que nous en avons d'abondantes pour supposer qu'avant son apparition des milliers d'espèces et de genres et même des familles entières d'êtres d'une puissante organisation avaient été créées, avaient prospéré pendant de longues périodes et s'étaient éteintes, puis avaient été remplacées immédiatement par d'autres qui suivirent la même phase et subirent le même sort ; les genres et les espèces s'étant succédé aussi régulièrement et aussi constamment que chez nous le fils succède au père, et le petit-fils à tous deux. Or, si la création et l'extinction des animaux ont eu lieu avant la création de l'homme, comme elles ont eu lieu depuis, on peut raisonnablement supposer que les événements dont nous avons parlé ont pu embrasser les grandes périodes citées plus haut.

Ainsi, à tous les points de vue, il paraît certain que pendant des siècles, et des siècles avant l'apparition de l'homme sur cette planète, les changements dont il a été question s'opéraient ; nous pouvons même croire qu'au moment où ils avaient lieu, le monde n'était pas habitable pour l'espèce humaine ; il n'était pas, si nous pouvons nous exprimer ainsi, prêt à recevoir l'homme ; pendant qu'il dormait dans le sein du temps, la Nature, comme la bonne fée dont parlent les histoires de nourrices, disposait sa maison pour qu'à son réveil il la trouvât préparée et pourvue.

Mais lorsqu'on dit que le monde fut créé pour l'homme, combien cette phrase est imparfaite pour exprimer la beauté et l'harmonie de cette œuvre divine ! Il fut créé pour l'homme ; mais pour quel homme ? pour l'homme frêle et faible, exigeant une longue série de soins dans l'enfance et dans la jeunesse, subissant dans la vieillesse une infinité de décrépitudes et possédant un corps si délicatement organisé, qu'il ne peut supporter les vicissitudes extrêmes du froid et du chaud. Afin de le protéger contre les éléments, il lui fallait un abri ; eh bien ! dans les strates de Londres et dans d'autres encore, il trouve l'argile pour sa cabane, la terre à brique et le grès pour sa maison, et dans les couches inférieures, il rencontre le marbre et la pierre de taille pour ses palais et ses temples, tandis que le lias et la craie lui fournissent la chaux et le ciment. Mais dans les climats froids il lui faut de la lumière et de la chaleur ; le feu lui est aussi indispensable pour forger et façonner ses outils et ses armes, et à cet effet, il trouve dans les formations houillères un magasin de lumière et de chaleur artificielles prêtes à son usage. Ces immenses assises de charbon représentent la chaleur et la lumière qui, produites par le soleil, bien des siècles auparavant, ont été absorbées par des fougères, par des arbres gigantesques et par d'autres

plantes exotiques, sous un climat tropical ; leurs feuilles
et leur bois pourris furent alors précipités à l'état de résidu dans le fond des grands fleuves, et là, enterrés à de
grandes profondeurs et sous des poids énormes d'eau, pendant des milliers d'années, il furent exposés à des feux sou-
terrains, puis rejetés presqu'à la surface de la terre et
prêts à être extraits comme d'une cave, au gré de la nécessité ou du luxe de l'habitant de la terre.

Non seulement l'homme est frêle et faible dans son enfance et dans sa vieillesse, mais encore par ses moyens
physiques seuls, il est incapable de se procurer sa nourri-
ture ainsi que le fait la bête brute; il est forcé de labourer
et de cultiver la terre, et pour cela il lui faut des outils;
il ne peut se défendre contre les animaux féroces, ni les
subjuguer, car il n'a ni serres, ni bec, ni dents convena-
bles ; il n'a pas non plus de vêtements naturels comme le
mouton et le bœuf pour le préserver de la température, ni
aucune armure pour le protéger contre les attaques de ses
ennemis ; la tortue, l'éléphant et même le mollusque sont
bien mieux pourvus que lui sous ce rapport ; il lui faut
donc des outils et des armes, et il en trouve les matériaux
dans les veines de fer, de plomb et de cuivre, jadis enterrées
à des milliers de mètres, mais maintenant bouleversées et
étendues à ses pieds ; à sa portée gisent aussi les vestiges
minéraux de myriades de zoophites et de coraux, qui forment actuellement ces immenses couches de pierres cal-
caires indispensables pour mettre ces métaux en état d'être
utilisés ; et pardessus tout cela il trouve des plaines de craie
dans lesquelles il peut faire pâturer les moutons qui lui
fournissent son vêtement, des vallées limoneuses où il peut
récolter son grain, et des prairies où il peut nourrir ses bes-
tiaux ; et dans d'autres pays que les nôtres, il rencontre des
terrains propres à la culture du coton et du lin, qui servent
aussi à le vêtir, ainsi que le sucre et le riz dont il se nour-

rit. Et ce ne sont là que quelques unes des provisions qui composent la formation et la disposition de la terre appropriée aux besoins physiques du genre humain.

Mais, quels que soient les arrangements par lesquels la surface de la terre fut préparée de manière à subvenir aux nécessités animales de l'homme, ils ne présentent en aucune façon l'aspect le plus intéressant de ces œuvres prodigieuses.

Son application aux conditions sociales et morales de l'homme constitue un chapitre rempli d'intérêt et de jouissances qui a été rarement étudié. L'homme était destiné à être un animal industrieux ; le monde n'a pas été fait pour le *gentleman*, c'est à dire pour l'homme qui ne fait rien. Ainsi que le dit le vieil adage :

> Quand Adam béchait et qu'Eve filait,
> Où était alors le *gentleman ?*

Pareils à l'abeille et au castor, les hommes sont doués de ces qualités propres à l'industrie, savoir : la patience, l'esprit d'entreprise, la faculté de s'allier entre eux, d'accomplir une chose commune, et un grand désir d'accumuler les produits de leurs travaux.

Ces qualités sont précisément ce que réclame leur position sur la terre, qui est composée et ajustée de manière à fournir en abondance les matériaux sur lesquels ils peuvent les exercer. Ces trésors de charbon, de fer, de cuivre, de laine, de lin, de coton et de grain, dont nous avons parlé, n'ont pas été produits spontanément ; ils nécessitent des recherches, des peines ; la mine réclame l'exploitation, le mouton doit être tondu, le champ exige le labour et la cabane ou la maison d'habitation doivent être bâties.

La Nature procure les outils et les matériaux à profusion ;

l'homme doit fournir le travail, car sa destinée est de travailler; son corps et ses facultés sont également adaptées à une vie de labeur, et si toutes les choses nécessaires à ses plaisirs et à ses besoins avaient été créées spontanément, cette destinée n'aurait pas été accomplie.

Ajoutons que l'homme étant destiné à devenir un être social, les individus et les nations avaient pour mission de s'entremêler, de se communiquer réciproquement leurs sciences, et, par leurs bons et amicaux services, d'améliorer les conditions de la vie, enfin de fortifier, d'encourager les sentiments fraternels dont les hommes sont doués. Mais ce qui les stimule principalement à établir des rapports entr'eux, c'est le commerce, et, en effet, la terre est admirablement propre à faciliter les transactions commerciales.

Si chaque village avait été pourvu de son petit assortiment de bois, de fer, de moutons, de lin, de coton, de sucre et de blé, il n'y aurait pas eu de mobile suffisant pour faire sortir les habitants du village ou du pays où le hasard les aurait placés. Ils seraient restés étrangers les uns aux autres, et comme l'homme sédentaire a toujours l'esprit local, chacun aurait perdu les avantages qu'on obtient en communiquant avec ses semblables. Nous trouvons qu'il existe entre les individus des rapports incessants et actifs, aussi bien qu'entre les nations et les races, à cause de la variété des produits, des terrains et des climats divers, et que ces différences de terrain sont dues exclusivement aux déplacements variés et à la mise à nu des strates auxquelles nous avons fait allusion. Ainsi, quelques parties du pays qui se trouve entre les *North Downs* et les *South Downs* produisent le grain en abondance, d'autres sont plus appropriées à la culture du houblon, d'autres encore produisent le bois, et d'autres enfin nourrissent de nombreuses bergeries. La même diversité se trouve plus ou moins dans

tous les pays ; la différence du climat tend encore à
varier les diverses productions de la terre, et c'est ainsi
qu'il arrive que le fermier qui possède un sol argileux, sur
lequel il récolte le houblon, trouve au marché son voisin
qui n'en a pas, mais qui veut vendre son blé ; c'est ce que
fait l'Américain qui récolte le coton et le vend en Angleterre où il rencontre le marchand de fer, de charbon, de
plomb dont il a besoin, mais qu'il ne possède pas chez lui ;
par ces rapports, la science et la civilisation, ainsi que
les plaisirs et les avantages physiques, moraux et intellectuels qui en découlent, sont communiqués d'une famille
d'une paroisse, d'une nation à une autre.

Il me reste à signaler un point très important dans la
composition de la terre, qui prouve combien ce Globe est
approprié à la condition sociale de l'homme. Il est évident
que l'échange direct des productions d'un pays contre celles
d'un autre, serait tellement gênant, dilatoire et dispen-
dieux, que tout rapport serait détruit. L'échange pur et
simple est, en effet, un système à l'usage seul des sauvages,
et c'est de là que naquit la nécessité d'avoir ce qu'on appelle
un *agent monétaire de circulation*, une chose que chacun
consent à accepter en échange de ses productions. Il était
aussi essentiel, qu'arrivé à une haute civilisation, et au
progrès dans la vie, il y eût un symbole pour représenter
cette accumulation du travail que nous appelons le Capital.
Sans intermédiaire, la société serait réduite à l'état
barbare ; toutes les transactions variées et compliquées de
la vie seraient entravées si la richesse de chaque homme
était limitée aux produits de son travail quotidien; s'il ne
possédait que son gain journalier à donner en échange de ce
dont il aurait besoin ; s'il n'avait enfin aucun moyen
de conserver et de placer le surplus de ses labeurs ou de
ses économies.

Un intermédiaire était indispensable, et si indispensable,

que les anciens avaient coutume de l'appeler *Rem*. Cet objet qui était, pour ainsi dire, le symbole de toutes choses, est représenté par l'or, métal difficile à obtenir, et auquel sa rareté, sa pureté et sa malléabilité donnent une grande valeur. Quelqu'invraisemblable que cela paraisse, ce minéral, comme tous les dons de la Providence, fut combiné suivant les époques et avec à propos. Nous avons vu, depuis quelques années, qu'au moment même où le commerce des nations nécessitait un surcroît de cet agent monétaire, lorsque les trésors croissants du monde et l'accumulation du travail de l'homme (car les richesses ne sont que le travail accumulé), exigeaient une augmentation du symbole universel, nous avons vu que, pour être à la hauteur des circonstances, cet intermédiaire s'est accru par les découvertes inattendues d'immenses trésors en Californie et en Australie.

Il est donc évident, que les divers avantages résultant du commerce doivent être attribués à la nature minérale de la terre; au dépôt, par couches, des boues ou des résidus qui se trouvaient sous les anciennes mers; à leur consolidation ; à leurs mélanges par les influences de changements chimiques et de forces mécaniques, ainsi qu'au soulèvement général qui les a mis à la portée du travail et de l'exploitation de l'homme. En un mot, il paraîtrait, que pendant d'innombrables années, l'atelier se formait et se préparait. Par un système de prévoyance admirablement ordonné, les matériaux et les outils furent fournis ; puis, quand tout fut prêt : le travailleur parut sur le théâtre de ses travaux.

Telle est l'esquisse imparfaite de quelques unes des combinaisons et des harmonies, que l'on trouve dans la formation de la surface de la terre ; et maintenant, donnez un libre essor à votre imagination, et figurez-vous que pendant une période qui doit avoir été celle de la confusion et du chaos, un être intelligent, quelqu'habitant d'une autre planète eut contemplé ce qui se passait ici bas ; s'il eût vu ces immenses océans allant et venant de siècle en siècle, infestés de lézards gigantesques et d'animaux aux formes bizarres et effrayantes, mais ne devant jamais être traversés par des marins de forme humaine; s'il eût vu ces anciens fleuves dont les bords n'avaient jamais été foulés par le pied de l'homme, et qui ne devaient jamais l'être, coulant silencieusement, et accomplissant leur tâche; s'il avait pu plonger ses regards dans les profondeurs de ces forêts immenses et sombres, où la vue d'aucun être humain n'a jamais pénétré; s'il avait aperçu des continents tantôt s'élever du sein de l'Océan, tantôt fondre comme des flocons de neige sous les influences des flux, des courants et des rivières ; les mers s'abaisser parfois jusqu'à laisser leur lit à sec, puis s'élever à leur apogée, noyant toute créature terrestre ; la terre soulevée par des tremblements ; les sommets des montagnes renversés et précipités à leurs bases ; des blocs immenses de rochers ballotés par une violence continue sur ce monde suspendu ; des volcans vomissant des flots de lave et de basalte ; enfin, toutes les forces de la Nature en lutte apparente entr'elles ; l'eau et le feu, détruisant alternativement ce que chacun d'eux avait préparé ; si un tel être, dis-je, avait pu contempler un tel spectacle, il ne serait arrivé qu'à une seule conclusion, c'est qu'il venait d'assister à une scène d'horreur et de confusion inextricable. Mais s'il lui eût été donné de voir l'achèvement de ce chaos dans une vision prophétique; s'il eût pu se douter que pendant chaque minute de ces longues années, la surface de la terre se préparait pour ses futurs habitants; qu'au lieu d'assister à une terrible tragédie, il n'était témoin que de la formation du théâtre sur lequel un grand drame se préparait, dont les premières scènes se jouaient, et qui ne serait fini que lorsque le Temps n'existerait plus ; si ce spectateur eût su que la fleur qui doit ravir nos yeux et dont le parfum doit flatter

nos sens est renfermée dans le vert bourgeon ; s'il eût
su que le petit œuf possède entre ses murs fragiles l'oiseau
qui nous charmera par ses chants; s'il eût vu, dis-je, nos
verts côteaux et nos campagnes blanchies par la toison d'innombrables troupeaux ; la vaste mer pointillée de vaisseaux
emportant au loin les productions de chaque région et de
tous les pays, en échange de celles des autres contrées ; les
vallées ployant sous le poids des épis d'or ; les riants pay-
sages, les bois touffus, les verts pâturages, les eaux dor-
mantes et les courants impétueux ; s'il eût contemplé toutes ces choses s'harmonisant avec le mouvement des pla-
nètes et les changements des saisons ; la moisson suivant la
semaille , l'été succédant à l'hiver, la nuit au jour; s'il
s'était figuré des nuits étoilées, les matinées rosées du printemps, les douces teintes des soirées d'été, et encore les
journées d'automne, qui nous charment tant, combien son
cœur eut été rempli de joie à la vue de tant de beautés , de perfection et d'harmonie; comme sa joie se
serait changée en extase , s'il avait eu aussi le pouvoir de distinguer, dans la perspective lointaine et con-
fuse , les êtres auxquels ce glorieux héritage était destiné , et auxquels il devait échoir ; de voir cette terre
peuplée comme elle pourrait l'être, par de belles et douces femmes, par des hommes qui devaient gravir les montagnes, explorer les forêts et les déserts, fouiller jusque dans
les entrailles de la terre, naviguer sur chaque rivière et sur
toutes les mers; étudier le moindre brin d'herbe et chaque
minéral, et qui, par des études patientes et des travaux
incessants, devaient ravir à la terre ses trésors de grain,
de vin et d'huile ; des hommes aussi qui, en profitant de
ces dons, devaient admirer, adorer et honorer le Donateur,
et qui, non contents de contempler leurs propres biens, devaient oser, dans leur empressement à connaître l'Œuvre
divine, interroger l'empyrée, mesurer le soleil et le firma-
ment, enregistrer leur passé et prophétiser leur avenir.

Tous ces biens sont notre partage ; car il nous est échu d'en tracer et d'en définir la nature, comme de jouir de leurs produits ; il nous est donné de contempler ces ouvrages grands et glorieux dès leur début, de les suivre dans leur course jusqu'au néant, et lorsque nous les contemplons, point ne faut d'arguments pour nous prouver que l'homme trouve des avantages et des jouissances dans l'étude de l'Histoire Naturelle ; car nous pouvons participer alors, quoique pour une faible part, à cette joie que tous les êtres ressentirent lorsque les fondations de la terre furent posées, alors que tant d'allégresse retentit dans les orbes de la création ; que les étoiles matinales en tonnèrent ensemble leurs chants célestes, et que tous les fils de Dieu acclamèrent leur joie dans un accord mélodieux.

Amiens, imp de E. YVERT.